AF494230

SOCIÉTÉ CENTRALE D'AGRICULTURE DE NANCY.

SÉANCE PUBLIQUE DE 1847.

COMPTE RENDU DES TRAVAUX.

PARTIE AGRICOLE.

PRÉCIS DES TRAVAUX

DE LA

SOCIÉTÉ CENTRALE D'AGRICULTURE DE NANCY,

DEPUIS SA DERNIÈRE SÉANCE PUBLIQUE,

PAR M. SOYER-WILLEMET.

Secrétaire-Archiviste-Trésorier.

Lu en Séance publique le 2 mai 1847.

MESSIEURS,

Au moment où une ère nouvelle s'ouvre pour les Sociétés d'agriculture, il me paraît utile de jeter un coup-d'œil sur la marche suivie par la nôtre depuis sa naissance, et de rechercher si l'ordre de choses que nous venons d'adopter est meilleur que ce qui existait auparavant; en un mot, si c'est un progrès. Tout cela ne sera, je le répète, que le résultat d'un coup-d'œil : je sais qu'il me siérait mal de vous retenir trop longtemps par une lecture qui n'a rien de fort amusant; et d'ailleurs notre règlement ne nous accorde qu'une demi-heure pour le compte rendu de nos travaux. Je tâcherai de me conformer à ses exigences.

Fondée en 1820 par ordonnance royale qui créait des Sociétés semblables dans tous les départements, la Société d'Agriculture de Nancy a commencé, avec l'année 1821, ses travaux et la publication de son journal; elle vient donc d'entrer dans sa 27e année. Dès son début, on la vit marcher d'un pas ferme dans la voie tracée par son institution : c'est qu'elle avait pour son premier Président *Mathieu de Dombasle*, et que, sous une telle direction, elle devait bientôt servir de modèle aux autres Sociétés du même genre. Et lorsque le célèbre agronome, que nous avions conservé à notre tête nonobstant son départ pour Roville, se lassa d'un titre dont il ne pouvait plus remplir les fonctions, alors qu'un tel héritage pouvait sembler dangereux pour celui à qui il écherrait, la marche de la Société n'en devint pas plus timide : c'est qu'elle avait pour son second Président le Général *Drouot*, qui voulut bien lui consacrer ses derniers travaux publics, et qui ne nous abandonna que lorsque sa santé le força à se renfermer dans la retraite dont il n'est plus sorti qu'à sa mort.

A tous deux, Messieurs, à ces glorieux fils de notre cité, la France va élever des statues : à l'un, comme le père de la moderne agriculture française; à l'autre, comme le plus beau caractère de notre époque. Il y a à peine trois ans que le premier a quitté cette terre; le second vient de le suivre dans la tombe, et je devrais, pour me conformer aux usages académiques, vous dire au moins quelque chose de la vie qu'il a menée parmi nous. Mais je ne me sens pas capable de le louer dignement, et toute la population du pays l'accompagnant naguère à sa dernière demeure a parlé trop haut, pour que je croie nécessaire de mêler ma faible voix à cette éloquente oraison funèbre (1).

Après avoir commencé sous de tels auspices, et acquis dès son enfance la vigueur de l'âge mûr, notre Société

---

(1) Dans sa séance du 1er avril 1847, la Société a arrêté que le buste du général *Drouot* sera placé dans la salle de ses Séances près de celui de *Mathieu de Dombasle*.

devait se distinguer par des travaux éminemment utiles au pays, et qui témoignassent qu'elle comprenait bien toute l'étendue de ses devoirs. Elle croit avoir fait en cela tout ce qu'il lui était possible de faire ; elle en a pour garant la confiance que veulent bien lui accorder l'administration départementale et le gouvernement. Elle avait sçu de bonne heure se donner un bon réglement, et sa classification par Sections, qu'elle doit au zèle et à la sagacité d'un de ses Membres les plus distingués, M. le Docteur *Rollet,* a mis le dernier sceau à son organisation intérieure, citée à bon droit comme une des meilleures en ce genre. Restait à régler son action sur nos autres institutions agricoles.

Le but du gouvernement, en plaçant dans le chef-lieu de chaque département une Société centrale, et en créant en même temps des Sociétés d'arrondissement, était bien de ratacher ces dernières à un centre commun, d'où devait partir une impulsion salutaire, pour revenir, augmentée par de généreux efforts, donner une nouvelle puissance à la Société directrice. Malheureusement, aucun acte obligatoire ne commandant cette influence, tout se bornait à l'insertion des travaux des Sociétés d'arrondissement dans le Journal de la Société centrale. D'une autre part, ces Sociétés, qui vivaient d'une existence isolée et indépendante, n'ont pas pu toutes se soutenir, ce qui laissait sans aucune espèce d'encouragement l'agriculture de certaines parties du département, quelque fût d'ailleurs le zèle de la Société centrale.

Aujourd'hui, grâce à la sollicitude éclairée de M. le Ministre de l'Agriculture, il vient de s'établir, dans toute la France, une organisation régulière, combinée de manière qu'aucune portion du territoire ne peut plus être oubliée ni négligée. Dans chaque chef-lieu de département, une

Société centrale avec mission de parcourir, tous les ans et l'un après l'autre, les arrondissements, de visiter les exploitations rurales, d'en examiner la direction, d'y donner de bons conseils, enfin de décerner des prix d'une valeur assez forte pour stimuler le zèle des exploitants. Dans chaque arrondissement, un Comice divisé en Sections cantonales, lesquelles doivent être, elles aussi, parcourues annuellement et alternativement par des Commissions spéciales chargées d'apprécier les travaux des cultivateurs et de les récompenser. Les prix d'arrondissements regardent tous les sujets élevés de l'Agriculture, tels que la direction générale d'un domaine, les irrigations, les amendements ; les prix cantonaux descendent dans les détails de l'art : les cultures, les aides ruraux, les instruments, les bestiaux. On le voit, la nouvelle organisation embrasse, d'un réseau vaste et serré, le territoire dans toutes ses parties, la science agricole dans toutes ses divisions ; elle est sans aucun doute supérieure à tout ce que nous avons eu jusqu'à présent, et la Société centrale de Nancy s'est empressée d'aider l'administration à la faire prévaloir parmi nous.

Dans le courant de cette année, nos Sociétés d'arrondissement se sont toutes converties en Comices. Celui de Toul a publié son Règlement. Celui de Château-Salins a fourni au *Bon Cultivateur* le compte rendu des travaux de sa dernière année comme Société (1), et au Ministère des tableaux de visites de fermes, qui ont été distingués à Paris par leur bon ordre, ainsi que par l'étendue et l'importance des renseignements qu'ils contenaient. Les Comices de

---

(1) Voir *Bon Cultivateur*, année 1847, page 5.

Lunéville et de Sarrebourg sont aussi organisés, et s'apprêtent à remplir avec zèle les devoirs qui leur sont imposés.

Mais l'établissement d'un Comice agricole à Nancy, tout indispensable qu'il fût au complément du système, présentait des difficultés qui pouvaient compromettre l'existence même de la Société centrale. Nous sommes parvenus à applanir ces difficultés, et les deux institutions, quoique confondues dans une même direction, n'en fonctionnent pas moins, isolément et avec facilité, chacune dans la sphère de ses attributions respectives, ainsi que le constatent les deux règlements qu'elles viennent de publier (1).

La première chose à faire était de diviser le Comice de Nancy en Sections cantonales. Il y avait de l'inconvénient à prendre les limites d'un canton comme base de cette subdivision : car, même en réunissant les trois cantons de Nancy en un seul, nous aurions encore eu six Sections cantonales, et tous les six ans seulement un canton eût été appelé à concourir aux prix affectés aux Sections ; le zèle eût pu se refroidir pendant une aussi longue période L'arrondissement n'a donc été divisé qu'en trois Sections, formée chacune de deux cantons. Mais le nombre des Membres de la Section sud (Vézelise et Haroué) étant, dès l'abord et par les soins de MM. *Berment, Contal, Pérot* et *Thomas,* devenu très-considérable (80 Membres appartiennent déjà à Vézelise et 74 à Haroué), ces deux cantons ont demandé l'autorisation de s'assembler chacun dans leur chef-lieu, tout en demeurant unis d'intérêt pour les concours; cette autorisation leur a été facilement accordée.

---

(1) Voir *Bon Cultivateur,* année 1846, page 564, et année 1847, page 67.

En ce moment, notre honorable confrère M. *Gusse* s'occupe du canton de Nomeny, et nous avons droit d'espérer que l'année ne se passera pas sans que l'arrondissement soit tout à fait organisé.

D'après ce qui précède, les récompenses que nous décernons se trouvent divisées maintenant en trois catégories :

Comme Société centrale, nous ouvrons chaque année un concours dont les frais sont pris sur les fonds départementaux et sur nos fonds particuliers. Outre nos expositions de bestiaux et d'instruments et la grande médaille des aides ruraux, ce concours a surtout pour objet les parties de l'art agricole que le gouvernement ne nous charge pas d'encourager, l'horticulture et les forêts.

Comme Société centrale encore, le Ministère met à notre disposition, en faveur des arrondissements, un prix de 500 fr. pour la meilleure exploitation rurale et quelques autres prix. Dans l'année qui nous occupe, cette distribution s'est faite à Lunéville : le grand prix a été décerné à M. *Richard* de Bellevue, sur le rapport de M. le baron *Daurier*, et un prix de 200 fr. pour les irrigations, à M. *Collin* de Barbas, sur le rapport de M. *Amédée Turck*. Cette année, le concours est ouvert dans l'arrondissement de Château-Salins ; il le sera à Toul en 1848, à Sarrebourg en 1849, pour revenir, en 1850, à Nancy, où M. *Brice* avait obtenu le grand prix en 1845.

Enfin, comme Comice, il y a chaque année, dans l'une des Sections cantonales, une Réunion agricole, avec concours de charrue, exhibition de bestiaux, distribution de prix aux aides ruraux et aux cultures fourragères. Ce concours a eu lieu à Nancy en 1846, pour la Section centre ; il est attribué cette année à la Section nord, et, en 1848, à la Section sud.

Les prix d'arrondissement et de cantons se distribuent sur place en automne ; la Société ne se réserve, dans la séance de ce jour, que ceux de son concours particulier. Le nombre en sera donc plus restreint que de coutume, et cette circonstance pourra bien ôter quelque chose de l'intérêt qu'offre ordinairement notre Séance publique ; mais nous avons dû néanmoins nous conformer aux prescriptions de M. le Ministre de l'Agriculture, qui croit avec raison que des récompenses décernées au milieu des populations auxquelles appartiennent les lauréats, acquierrent par cela même un nouveau prix, et pour ceux qui les reçoivent et pour ceux devant qui on les donne.

Telle est, Messieurs, la récente organisation sur laquelle j'ai cru devoir attirer votre attention. Elle me paraît, pour toute la France, féconde en résultats favorables, et elle promet à notre Société une utile influence sur l'agriculture du département.

Avant d'entrer dans le détail des travaux qui ont occupé nos Membres pendant l'année qui vient de s'écouler, je dois vous parler du Congrès central de l'agriculture, qui a eu lieu dernièrement à Paris, et de l'École de Sainte-Geneviève, que la Société regarde comme une institution indispensable pour le pays.

Le Congrès central de l'agriculture s'est ouvert le 22 mars dernier et a duré 9 jours. La Société y était représentée par 6 délégués : MM. le baron *de Ladoucette*, le comte *de Lambel*, *Moll* du conservatoire des Arts et Métiers, le marquis *de Pange*, *Louis Vilmorin* et *Adolphe Vuitry*. Les questions qu'elle avait spécialement recommandées, étaient, outre l'exemption du droit de contrôle sur les distilleries de pommes de terre, question déjà présentée l'année dernière et pour laquelle M. le baron *Daurier* a publié une seconde édition de son excellent travail, auquel il a joint le rapport favorable fait au congrès par M. *Adolphe Vuitry;* outre la nécessité d'applanir les obstacles qui s'opposent encore à l'extension des irrigations, fort bien développée dans une note de M. *Binger:* la demande de suppression, pour 6 mois seulement, des droits d'entrée sur les bestiaux pour les frontières de l'est, afin de regarnir nos étables dépeuplées par la maladie et par l'insuffisance des fourrages et des subsistances; la recommandation de prendre bien garde, dans les modifications apportées, par la crise actuelle, à la législation des céréales, de prendre garde, dis-je, de porter atteinte aux lois protectrices de l'agriculture; les encouragements à donner à la culture de la pomme de terre, de peur que les cultivateurs n'abandonnent par découragement cet utile produit; des expériences à tenter sur l'utilité du sel en agriculture; enfin le système général d'assurance par l'État des produits agricoles contre la grêle, soutenu depuis longtemps par la Société centrale d'agriculture de Nancy, et en faveur duquel notre Conseil général s'est prononcé dans sa dernière session. — MM. *Vilmorin* et *Vuitry* nous ont adressé des rapports sur les travaux du congrès, et M. *de Ladoucette* nous a rendu compte du concours de *Poissy* (1).

Le gouvernement, dans le but de poser les bases de l'instruction agricole, s'occupe en ce moment de l'établissement, dans toute la France, d'écoles destinées à former de bons cultivateurs et des aides ruraux intelligents. Il ne voudrait que cinq ou six instituts pour les chefs

(1) Voir le *Bon Cultivateur.*

d'exploitations, et des écoles de valets dans le reste des départements. S'il en est un qui ait des droits à un institut de premier ordre, c'est sans contredit le nôtre, puisqu'il a le premier donné l'exemple à la France, par l'établissement de Roville, et que des considérations prises du développement de son agriculture et de l'état quasi-indépendant de nos cultivateurs, militent en outre en sa faveur. C'est ce qu'ont très-bien démontré, dans un mémoire adressé au Conseil général au nom de notre Société, MM. *Daurier* et *de Meixmoron* (1); c'est ce que prouve encore d'une manière incontestable le grand nombre des élèves qui cherchent à entrer à l'institut de Sainte-Geneviève. La Société, dans la profonde conviction où elle est de l'utilité de cet institut pour l'est de la France, est en instance près du gouvernement pour en obtenir le maintien, et un Conseil pris dans son sein et formé, sous la présidence de M. *Monnier*, de MM. *Daurier*, *Poirel*, *Regneault* et *de Scitivaux*, la lie étroitement à la bonne administration de l'institut de Sainte-Geneviève et à l'œuvre patriotique de son zélé directeur. — Selon la mission qu'elle en a reçu du Conseil général, la Société a examiné, comme de coutume, les titres des candidats aux trois demi-bourses fondées par le département près de cet institut, et a présenté à la nomination de M. le Préfet ceux qu'elle a jugés les plus dignes. M. *Claudin*, de Toul, demi-boursier de l'année dernière, a été nommé à une bourse entière, et M. *Annequin*, de Nancy, à l'autre demi-bourse.

Bien entendu que c'est le déficit des subsistances qui a

---

(1) *Bon Cultivateur*, année 1846, page 400.

été, en première ligne, l'objet des travaux de la Société. La pomme de terre, cette base de la nourriture du peuple, atteinte pour la seconde fois par une maladie dont la science n'a pu encore assigner la cause, laissait un vide immense, qu'était bien loin de pouvoir combler la médiocre récolte des céréales produite par une année trop humide d'abord, et qui avait fini par devenir trop sèche. Il devait en résulter, d'une part, insuffisance pour la plantation du précieux tubercule, de l'autre, découragement parmi les cultivateurs, qui, pressés par le besoin et regardant presque la pomme de terre comme condamnée à jamais, paraissaient disposés à restreindre plus qu'il n'était nécessaire une culture que l'on considère à bon droit comme le meilleur préservatif contre la famine. La Société royale et centrale de Paris, sur la demande de notre honorable confrère M. *Eugène Chevandier*, s'est empressée de publier un savant rapport, dans le but de rassurer les populations agricoles, et de leur indiquer les plantes alimentaires par lesquelles elles pouvaient suppléer au déficit de la pomme de terre. Il était du devoir de notre Société de seconder celle de Paris dans sa bienfaisante mission ; aussi a-t-elle fait réimprimer cette instruction, en y joignant quelques notes (1), et 3000 exemplaires en ont été répandus sur tous les points du département, avec l'aide de M. le Préfet, qui nous a donné, dans les circonstances fâcheuses qui viennent de se produire, de nouvelles et nombreuses preuves d'une sollicitude toute paternelle pour ses administrés.

La Société royale avait aussi ouvert, par toute la France, une enquête sur la maladie des pommes de terre. Ce grave

(1) *Bon Cultivateur*, année 1847, page 85.

sujet, déjà traité par notre Société dans un rapport de l'an dernier (1), a été, cette année encore, discuté dans plusieurs de nos conférences, à l'une desquelles assistait M. l'inspecteur *Royer*, qui nous a aidé de ses savants avis, et où l'on a entendu des communications de MM. *Colombier* de Chanteheux, *Lesaing* fils de Blâmont, *Bonnet* de Besançon et de la nouvelle Société qui vient de se fonder à Alger. Tout nous dit qu'avec un peu plus de soins qu'on n'en donne ordinairement à cette culture, nous parviendrons bientôt à nous débarasser d'un fléau dont rien ne justifie la durée.

Ce qui rend surtout la pomme de terre si précieuse, et sa culture si importante, c'est que, outre ses qualités éminentes pour la nourriture de l'homme, elle est aussi d'un emploi très-multiplié dans les arts et dans l'alimentation des bestiaux. Or, quand sa production est abondante, tout ce qu'on en obtient peut, en cas de pénurie des céréales, être reporté dans la masse des subsistances du peuple, et suffit alors à ses besoins. Malheureusement, elle a manqué dans beaucoup de localités, et il a fallu chercher ailleurs les moyens de résoudre ce problême d'économie sociale, si bien développé l'an dernier par notre digne président M. *Monnier* (2) : lorsqu'il y a déficit dans les subsistances, prendre sur la nourriture des bestiaux les produits qui peuvent être appliqués directement à celle de l'homme, et remplacer par d'autres substances ce qui est ainsi enlevé à l'alimentation des animaux. Ce n'est pas qu'on ne puisse trouver, dans les végétaux qui croissent naturellement autour de nous, de précieux succédanés aux plantes alimen-

---

(1) *Bon Cultivateur*, année 1846, page 25.
(2) *Idem*, année 1848, page 403.

taires objets de nos cultures, ainsi que nous l'a prouvé dernièrement M. *Braconnot* (1); mais l'obstacle vient de ce que ces végétaux utiles ne sont pas connus de tous ceux à qui on les conseille, et que la crainte de se méprendre empêchera toujours le plus grand nombre de les essayer.

La betterave, d'un usage si restreint dans l'alimentation de l'homme, et cultivée néanmoins assez abondamment, présenterait une précieuse ressource, s'il était possible de la faire entrer d'une manière facile dans la panification. M. le Préfet, qui avait reçu de quelques personnes l'annonce de succès en ce genre, a demandé à la Société de tenter quelques expériences, dont M. *Fawtier* s'est chargé avec empressement. Les lecteurs de nos journaux agronomiques ont pu apprécier le mérite du rapport dans lequel notre confrère a rendu compte de ses essais, qu'il n'a pas bornés à la betterave : il a aussi pensé à mêler au pain de la carotte, et les conclusions de son travail démontrent la possibilité d'épargner ainsi une quantité notable de céréales (2). Un mémoire de M. *Husson* d'Haussonville, sur la panification de la betterave et des fèves, étant venu apporter à la question de nouvelles lumières, la Société l'a publié dans tout le département (3).

Tout cela, Messieurs, a pu être fort utile pour prévenir, par de promptes mesures, les maux dont nous étions mena-

---

(1) Voir le *Bon Cultivateur*. Mon aïeul *Remi Willemet* a publié un livre sur le même sujet (Phytographie économique de la Lorraine. Nancy, *Leclerc*, 1780, in-8° de 142 pages), livre couronné par l'Académie royale de Stanislas, et dont M. *Braconnot* ne connaissait pas l'existence.

(2) *Bon Cultivateur*, année 1846, page 561, et 1847, page 19.

(3) *Idem*, année 1847, page 33.

cés. Mais il ne faut pas que les préoccupations du présent nous absorbent tout entiers. « L'expérience du passé, » a dit avec une haute raison M. le Ministre de l'Agriculture dans la séance de la Société royale de Paris qu'il vient de présider, « l'expérience du passé doit être la sauve-garde de » l'avenir, et c'est dans le développement de la production » agricole qu'il faut chercher une garantie certaine contre » le retour des souffrances que nous venons d'éprouver. » En effet, Messieurs, la crise actuelle a révélé à la France une triste vérité : c'est qu'elle ne produit point assez pour nourrir tous ses habitants; c'est que l'accroissement de sa population a marché plus vite que les progrès de son agriculture; c'est enfin que, même dans les meilleurs années, il y a presque toujours déficit. Certes, si un tel état de choses devait se prolonger longtemps, il serait honteux pour la France; car ce ne sont pas les terres arables qui lui manquent, mais elle ne sait pas obtenir de ces terres tout ce qu'elles peuvent donner.

Avec suffisamment d'engrais, il serait facile de doubler au moins (mathématiquement parlant) les produits de notre sol agricole. Mais où prendre ces engrais? D'abord au moyen du bétail, dont la multiplication, en en abaissant la valeur, fournirait au peuple une nourriture plus substantielle que celle dont il est forcé de se contenter. Mais voyons, n'avons nous pas de reproches à nous faire? n'est-il pas, en dehors du fumier d'étable, d'autres moyens d'augmenter la richesse de la terre, et de nous affranchir ainsi du tribut que nous payons à l'étranger? N'est-il pas, en un mot, d'autres engrais que nous négligeons?

Parmi ces engrais il en est un, qui se produit partout où il y a des hommes, que repousse la délicatesse française, mais qui est employé de temps immémorial en Italie, en

Allemagne, et auquel l'Alsace et la Flandre doivent incontestablement la supériorité de leur agriculture. Tandis que ce précieux engrais, qui suffirait seul pour rendre à la terre la fécondité que lui enlèvent les productions dont elle se couvre annuellement (les Chinois, peuple éminemment agricole, n'en connaissent pas d'autres), tandis que ce précieux engrais est soigneusement recueilli ou lucrativement vendu dans beaucoup de villes qui nous avoisinent, es habitants de la nôtre, fermant les yeux sur des intérêts qui les touchent pourtant de bien près, payent pour qu'on les en débarasse ; un grand nombre d'entre eux s'empressent même, lorsqu'ils le peuvent, de le verser dans les canaux qui sillonent nos rues, et perdent ainsi follement ce qui pourrait nous aider à combler, et même au delà, le déficit de notre agriculture !

La Société de Nancy n'a pu rester tranquille spectatrice d'un tel aveuglement ; elle s'est promis d'employer tous les moyens qui seront en son pouvoir, conseils et exemples aux cultivateurs, requêtes à l'autorité municipale, au gouvernement même, pour vulgariser les procédés de désinfection que la chimie moderne, et particulièrement les travaux de notre honorable confrère M. *Schattenmann*, directeur des mines de Bouxwiller, ont mis à la portée de tout le monde (1). Il faut qu'il s'établisse dans les campagnes des réservoirs, faciles à construire sans de grandes dépenses ; il faut que, dans les villes, l'architecture vienne à notre aide, et nous verrons bientôt la France se couvrir, partout et à bon marché, de riches récoltes, au grand avantage de son agriculture et de l'hygiène publique.

---

(1) *Bon Cultivateur,* année 1846, page 52.

Mais, tout en augmentant la masse des engrais, il ne faut pas omettre de tirer du fumier tout le parti possible. M. le comte *Adolphe de Montureux*, toujours à la recherche de toutes les idées philantropiques, avait songé à établir dans les régiments de cavalerie, et surtout dans la gendarmerie, des écoles pratiques sur l'art de préparer les fumiers, où les militaires auraient pu puiser une instruction qu'ils auraient ensuite reportée dans leurs villages. Ses idées ont été mises sous les yeux du gouvernement et du public (1). — Le *Bon Cultivateur* va reproduire un Mémoire fort important de M. *Schattenmann*, sur la construction et la direction des fosses à fumier, ainsi que sur l'emploi des engrais liquides et l'utilisation d'engrais négligés dans le pays ; mémoire couronné par la Société des sciences, agriculture et arts du Bas-Rhin.

Un autre moyen de doubler la production de la terre, c'est sans contredit les irrigations, dont notre confrère M. *Puvis* s'occupe depuis nombre d'années, et avec tant de succès. La réimpression, dans notre journal, des différents mémoires qu'il a publiés à ce sujet, a doté nos lecteurs d'un petit traité complet sur la matière (2). La Société cherche, par des primes, à multiplier dans le département cette utile pratique, et la grande Commission d'irrigation qu'elle a, sur la proposition de M. *Binger*, formée dans sa première Section, contribuera sans doute à en répandre l'usage. — Les cultivateurs trouveront aussi de bons exemples et de savantes leçons dans un Mémoire de M. *Monnier* sur les irrigations des Vosges, dont va s'enrichir notre journal.

---

(1) *Bon Cultivateur*, année 1846, page 280.
(2) *Idem*, pages 350 et 481.

Il ne sera pas déplacé, à propos des irrigations, de dire un mot de l'art de découvrir les sources, que possède, en vertu d'un don quasi-miraculeux, M. l'abbé *Paramelle,* qui montre, par des prédictions presque toujours suivies de succès, ce que peut l'instruction unie à la sagacité. Quelqu'empressement que nous ayions mis à chercher à l'attirer parmi nous, en réunissant le plus de souscriptions possible, un autre département passera avant le nôtre, parce qu'il a tout d'un coup jeté dans la balance un plus grand nombre de demandes. Espérons que nous ne serons pas privés de la présence chez nous de cet homme extraordinaire, et, dans ce but, la Société se fera toujours un plaisir de recevoir et de lui transmettre toutes les souscriptions qui seront déposées à l'Université. Quand nous disons souscriptions, qu'on n'oublie pas qu'il ne s'agit d'aucun engagement pécuniaire, et que tout se borne à un simple désir exprimé. Ce n'est que la réalisation de ce désir qui entraîne une dépense de 50 fr., et tout le monde conviendra que c'est obtenir une source à bien bon marché (1).

Signalons, pour achever la nomenclature des travaux relatifs à notre première Section, une comparaison de l'agriculture du midi avec la nôtre, par M. *Monnier* (2); un Mémoire sur la culture des féveroles, par M. *Husson* fils, d'Haussonville (3); une note de M. le comte *de Montureux,* qui avait cru à la possibilité de cultiver le riz dans nos terrains salés; les observations négatives de M. *Daurier* sur l'utilité du sel dans les terres de Varincour; les analyses de marnes de

---

(1) Voir *Bon Cultivateur,* année 1846, page 123.

(2) Ce mémoire important sera imprimé dans le *Bon Cultivateur.*

(3) Même observation.

M. *Braconnot*, et les communications de M. *Colson* de Gerbéviller sur le même sujet; la reproduction, par le ministère, de la notice de M. *de Dombasle* sur le sulfatage comme moyen préservatif de la carie des grains (1).

Rappelons, parmi les travaux propres à notre seconde Section, les primes aux plus beaux étalons de l'espèce chevaline, fondées par le Conseil général lors de sa dernière session, et mises à la disposition des cinq Comices d'arrondissements (2) ; l'importation de taureaux Suisses qui a eu lieu à la fin de 1846 ; les réflexions de M. *Jacob* concernant l'influence de l'exercice sur la santé de nos animaux domestiques (3);les expériences sur l'usage du sel dans leur alimentation, par MM. *Daurier* et *Turck;* la proposition du même M. *Turck*, relative à l'assurance par l'État contre la mortalité des bestiaux, question fort grave, et que notre Société à mise à l'étude; le savant mémoire de M. *Edmond Simonin*, sur un faux cow-pox (4); l'ingénieux appareil présenté par M. *Tétard*, pour corriger les difformités du pied des jeunes chevaux, qu'un rapport très-favorable de M. *de Scitivaux* nous a déterminés à récompenser; les questions du ministère relatives à l'industrie séricicole dans le département, questions auxquelles M. *Lebègue* s'est chargé de répondre, comme il avait aussi rendu compte de la communication faite par M. *Chaillon*, d'une nouvelle variété de vers à soie; l'établissement, dans la seconde Section, d'une Commission de sériciculture.

(1) Même observation.

(2) Voir le *Bon Cultivateur*.

(3) La Société en a voté l'impression.

(4) Même observation.

Parmi les travaux de la troisième Section : les rapports de M. *Monnier* sur la Machine à battre portative de MM. *Hoffmann* (1) (qui viennent d'obtenir une médaille d'or de la Société royale et centrale de Paris), et sur le Faneur de M. *Husson* fils, d'Haussonville (2) ; celui de M. *Zeyssolf* sur les modifications à apporter dans le mode d'appréciation des concours de charrues (3) ; celui de M *de Scitivaux* et le lumineux mémoire de M. *Fawtier* sur la Halle au blé de Nancy (4) ; les discussions sur le libre échange, qui ont occupé plusieurs de nos conférences ; la communication du comice de Beaune sur l'embrigadement des gardes champêtres ; l'hommage de l'annuaire Statistique de la Meurthe, où M. *Grimblot* a donné place à une analyse des travaux de notre Société ; enfin les diverses propositions de M. *de Montureux*, ayant pour but de venir au secours de nos pauvres populations rurales, au moyen d'ateliers de travail et de méthodes économiques de différents genres (5).

Passons sous silence les travaux de notre quatrième Section, non pas que nous n'en apprécions toute l'importance ;

---

(1) *Bon Cultivateur*, année 1847, page 37.

(2) *Idem*, page 41.

(3) *Idem*, année 1846, page 231.

(4) *Idem*, pages 306 et 324.

(5) Culture forestière et ateliers de bienfaisance. — Possibilité d'abaisser pour certains ouvriers le prix des pommes de terre. Dans ce dernier Mémoire, M. *de Montureux*, considérant que, si, en hiver, les pauvres ouvriers et les habitants de la campagne cuisent facilement les pommes de terre sur leurs foyers de chauffage, il n'en est pas de même en été, voudrait voir établir dans nos villes et dans nos villages des lieux où l'on cuirait ces tubercules pour le public.

mais parce qu'un de ses Membres va, tout à l'heure, bien mieux que je ne pourrais le faire, vous rendre compte de ce qu'elle a tenté cette année dans l'intérêt du pays et de son horticulture.

Terminons enfin cette longue énumération en vous citant les vues utiles de M. le comte *de Montureux* (qui, comme vous le voyez, est un de nos Membres les plus actifs) sur le reboisement (1) ; les rapports instructifs de M. *Gouy*, Secrétaire de la cinquième Section, sur deux ouvrages remarquables, l'un de M. *d'Arbois de Jubainville* (2), et l'autre de M. *de Bazelaire* (3); et le rapport tout bienveillant de M. le conservateur *Chauvet*, Président de la même Section, sur le concours ouvert pour l'amélioration des forêts (4).

Gardons-nous pourtant d'oublier diverses communications qui, quoique étrangères à nos travaux ordinaires, soit par leurs auteurs, soit par les sujets même qui y étaient traités, n'en méritent pas moins ici l'expression de notre reconnaissance. M. *Poirel* a fait hommage à la Société d'un intéressant travail sur les prisons (5); M. *Edmond Simonin*, d'un rapport sur la vaccine. M. le docteur *Simonin* père nous a adressé, comme il veut bien le faire chaque année, le savant résumé de ses observations météorologiques. M. *Colombel* nous a envoyé une mémoire sur les moutons ; M. *Martinelli*, un appel aux comices ; M. *Demange*, le compte rendu des

---

(1) La Société en a voté l'impression.

(2) *Bon Cultivateur*, année 1846, page 468.

(3) *Idem*, année 1847, page 55.

(4) Voir le *Bon Cultivateur*.

(5) Observons cependant que ce Mémoire offre de fréquentes applications dans l'intérêt de l'agriculture.

travaux de notre Société de médecine. Enfin une enquête du ministère relative aux sangsues nous a valu un bon rapport de notre confrère M. *Vincent*, pharmacien en chef de l'hôpital militaire.

Il ne me reste plus, Messieurs, qu'à vous dire quelques mots des pertes et des acquisitions de notre Société pendant l'année qui nous occupe.

Nous avons inscrits deux nouveaux noms sur la liste de nos Correspondants : M. *Eugène Chevandier*, auteur de plusieurs mémoires sur l'économie forestière, hautement appréciés par l'Académie des sciences; et M. *Adolphe Vuitry*, maître des requêtes au conseil d'Etat, qui a déjà rendu à l'agriculture de signalés services, dans la discussion de plusieurs sujets importants.—Mais nous avons perdu, dans cette classe, un pomologiste très-remarquable, M. *Simon Bouvier*, de Jodoigne (Belgique), à qui M. *Millot* a payé la dette de l'amitié, dans un touchant article inséré au *Bon Cultivateur* (1).

La mort nous a enlevé un Membre ordinaire fort distingué, M. *de Lalance*, sur les services duquel M. *Noël* de Sommerviller nous a lu une notice intéressante (2). Il a eu pour successeur M. *Fawtier*, qui, depuis longtemps notre Correspondant, a désiré prendre ainsi une part plus active à nos travaux.

Parmi nos Associés libres, nous avons aussi perdu, par décès, MM. le comte *de Nettancourt*, *Lemoine* de la Bouzule, le baron *de Lépinau* et *Perrot*, et, par déplacement ou dé-

---

(1) Année 1847, page 65.

(2) *Bon Cultivateur*, année 1846, page 458.

mission, MM. *de Baudot*, *Burtin*, *Hermite* et *d'Hoffelize*. Ils ont été remplacés par MM. *Duhaut*, *Eymann*, *Joly*, *Jullien-Deschiens*, *Lemoine*, *Mangeot* aîné, *Félix de Ravinel* et *Volland*, qui tous appartenaient déjà à la Société à titre d'Agrégés.

Je n'entreprendrai pas, Messieurs, de vous lire ici la liste de nos nouveaux Agrégés. Vous comprendrez facilement mes scrupules, quand je vous dirai qu'ils atteignent presque le chiffre de 200, et eux-mêmes me pardonneront de ne pas fatiguer votre attention par une si longue nomenclature (1). Mais félicitons-nous de voir notre Société acquérir, par une telle adjonction, une force et un pouvoir qu'elle n'avait pas eus jusqu'à présent. Ces Membres nombreux, répandus sur tous les points du département, y porteront avec rapidité le précepte et l'exemple. Sachons tirer tout le parti possible de la puissance de l'association. Secondant l'impulsion favorable donnée aux Sociétés d'agriculture par un gouvernement ami de son pays, profitons-en pour exercer sur les populations rurales une heureuse influence. Apprenons-leur à doubler, pour ainsi dire sans frais, la richesse de leur sol, et bientôt nos cultivateurs auront trouvé, dans l'exercice même de leur art, ce qui manque généralement à notre agriculture : des capitaux et de l'instruction.

---

(1) Voir les Procès-Verbaux et la Liste des Membres dans le *Bon Cultivateur*.

DISTRIBUTION DES PRIX *(partie agricole)*.

Grande Médaille des aides ruraux.

La grande médaille d'argent, accompagnée d'un livret de la Caisse d'épargne, portant une somme de 25 francs, est décernée à *Jacques Noel*, berger chez M. *Théodore Pellet*, de Barbonville, depuis 10 ans, couronné en 1842.

Une mention honorable est accordée à *Joseph Chrétien*, premier garçon de charrue chez le même M. *Théodore Pellet*, depuis 8 ans 1/2, aussi couronné en 1842. La Société l'engage à persévérer dans sa bonne conduite, et à se représenter au Concours l'année prochaine, muni d'un bon certificat.

Exposition de Bestiaux.

Taureaux.

La *Prime* de 50 francs, pour les taureaux de 17 mois à 2 ans, est accordée à M. *Bravard*, de Saint-Jean-lès-Nancy.

La *Prime* de 100 francs, pour les taureaux de 2 à 3 ans, est partagée entre MM. *Deville*, du Crosne, et *Nicolas*, de Vandœuvre.

Vaches.

La 1re *Prime* eût été obtenue par M. *Brice*, s'il n'était Membre ordinaire ; 15 francs sont accordés à son marcaire, et 50 fr. à M. *Deville*, du Crosne ;

La 2e *Prime*, par M. *de Scitivaux*, aussi Membre ordinaire ; 10 francs sont accordés à son marcaire, et 30 fr. à M. *Colson*, de Nancy.

Génisses.

La *Prime* unique est partagée de la manière suivante : 10 fr. au marcaire de M. *Brice*, Membre ordinaire, et 20 fr. à M. *Colson*, de Nancy.

Métis de Dishley.

La 1re *Prime* a été méritée par M. *Turck*, Membre ordinaire, qui a présenté 118 agneaux ; 20 fr. sont accordés à son berger ;

La 2e *Prime*, par M. *Gœtzmann*, aussi Membre ordinaire, qui en a présenté 80 ; 10 fr. sont accordés à son berger.

Porcs.

Une *Prime* de 50 fr. est décernée à M. *Coquignot*, de Nancy, qui a exposé une belle truie suivie de sa litée.

Médaille extraordinaire d'orthopédie hippique.

Une *Médaille d'or* est accordée à M. *Tétard*, d'Haussonville, pour son ingénieux appareil destiné à corriger les difformités des jambes des jeunes chevaux.

Exposition d'Instruments et Machines propres à l'agriculture et à l'horticulture.

Une *Médaille d'argent* à M. *Thirion*, de Mirecourt, pour un système de double rotation appliqué aux essieux.

Une *Médaille d'argent* à M. *Léon Husson*, d'Haussonville, pour son Faneur.

Une *Mention honorable* à M. *Albert*, Vice-Président du Comice de Toul, pour une nouvelle herse qui paraît fort remarquable, mais que la Société regrette de n'avoir pu essayer.

Une *Mention honorable* à M. *Leroy*, de Boucq, pour la charrue qu'il a exposée. — La Société l'engage à y faire les modifications qui lui ont été indiquées par la Commission, et à la représenter.

Une *Médaille d'argent* à M. *Serrière* fils, de Malzéville, pour ses instruments d'horticulture, dont quelques-uns sont fort ingénieux.

Mention honorable et *rappel de Médaille d'argent*, à M. *Célestin Devaux*, de Malzéville, qui continue à exposer de bons outils.

M. *Racadot*, de St-Max, a exposé un système pour fixer les essaims dans les paniers. — La Société ne l'ayant pas encore éprouvé, doit se borner aujourd'hui à cette simple mention.

Amélioration des Forêts.

Semis.

La *Médaille d'argent* est décernée au brigadier forestier royal *Jean Dominique Leherre*, à la résidence de Saint-Quirin, pour les semis faits dans la forêt Royale des Elieux, avec des graines recueillies et préparées par lui-même.

La *Médaille de bronze* (*Accessit*) est accordée au brigadier forestier royal *Jean Vogin*, à la résidence de Bertrichamp.

L'administration forestière nous a prié de joindre à ces récompenses l'expression de sa satisfaction pour le zèle et l'instruction de ces deux braves anciens militaires.

Plantations.

La *Médaille d'argent*, avec une Prime de 30 fr., est

décernée au garde communal *Dominique Maire*, de Dieulouard, pour les plantations qu'il a faites dans la commune de Belleville. *Dominique Maire*, dit M. le Conservateur dans son rapport, est, malgré ses 76 ans révolus, un des meilleurs gardes de l'inspection de Nancy.

Deux *Médailles en bronze* sont accordées, à titre d'accessit, *ex-æquo*, aux gardes royaux *Jean Burtin*, de Montauville, et *Jean Baptiste Léonard*, de Raon-lès-Leau.

(*Extrait du* Bon Cultivateur.)

NANCY, IMPRIMERIE DE VEUVE RAYBOIS ET COMP.

www.ingramcontent.com/pod-product-compliance
Ingram Content Group UK Ltd.
Pitfield, Milton Keynes, MK11 3LW, UK
UKHW020530180726
13839UKWH00005B/2430

9 782329 398433